我的酷炫创客空间

来做机器人吧

自己动手制作机器人

【美】埃尔茜·奥尔森　著

解超　译

U0397710

 上海科技教育出版社

给大朋友们的话

对你们来说，这是一次帮助小创客们学习新技能、获得自信心，并且做出酷炫作品的机会。本书中的活动都是为了帮助小创客们在创客空间中完成项目而设计的。有一些活动，孩子可能会需要更多的帮助才能完成，希望你们能够在他们需要的时候给予指导。鼓励他们尽可能地依靠自己的能力完成作品，并且在他们展现出创意的时刻献上掌声。

在开始之前，记得制订取用工具、材料以及清理场地的基本规则。在使用高温工具以及尖锐工具的时候，请确保现场有成年人的监护。

安全警示

本书中的一些项目需要用到高温工具或者尖锐工具，这意味着你需要在成年人的帮助下来完成这些项目。当看到如下的安全警示图标时，你就需要寻求成年人的帮助了。

高温警示！

这个项目中需要用到高温工具。

尖锐警示！

这个项目中需要用到尖锐工具。

目录

创客空间是什么

　　想象一个充满活力的空间：在你的周围人声鼎沸，了不起的技师与工匠们正在通力合作，创造着超级酷炫的作品。欢迎来到创客空间！

　　创客空间是人们聚在一起进行创造的地方，它也是创造了不起的机器人作品的完美场所。这里配备了各种各样的材料与工具，但对创客来说，最重要的其实是他们的想象力。创客们梦想着做出自己的机器人作品，他们还想办法改进已有的作品。要做到这一点，创客们需要成为富有创造力的问题解决者。

　　你准备好成为一名创客了吗？

在开始之前

获得准许

在开展任何项目之前，都需要得到在场的成年人的允许，才能使用创客空间中的材料和工具。

懂得尊重

在别人需要的时候，分享你的材料和工具。用完某件工具之后，记得放回原位，以方便他人使用。

制订计划

在动手制作之前，需要通读制作说明，并且准备好需要的所有材料。在制作的过程中也要确保材料和工具摆放整齐。

确保安全

使用电源的项目具有一定的危险性，所以要小心。当你接线的时候要确保电源处于关闭状态，防止短路。当你有需要的时候，向成年人寻求帮助吧。

机器人是什么

    机器人是一种被设计用来完成特定任务的机器。有些机器人可以自动运行，另一些则需要由计算机或者人类遥控。机器人具有各种大小与形状，有的看上去就像普通机器，另一些则被设计成人的样子。机器人可以完成许多任务，比如制造汽车或者清扫地板。有的机器人可以成为有趣的玩具。当你选择材料制造机器人时，有几项事宜需要考虑。

电路

机器人需要通过电路获取能量。电路是指能让电流通过的封闭回路。这需要电源，如电池。还需要导体，如电线。同时，电路中也需要负载，用来消耗电路中的能量，如电灯泡。最后还需要一个开关，用来断开或闭合电路。

littleBits

littleBits 是一款电子积木产品。里面包含电动机、电源以及 LED 灯模块。各个模块具有磁性，所以很容易装配在一起。

Cubelets

Cubelets 也是一款电子积木。不同模块由于磁性可连接到一起，成为电路中的部分角色。按照正确的顺序连接，你就能搭建出不同种类的电路了。

准备材料

以下是完成本书中的项目所需要用到的一些材料和工具。如果你的创客空间没有你需要的材料，你也不必担心。优秀的创客本身就是解决问题的高手。你可以寻找其他材料来代替，也可以将项目略加改造来适合你拥有的材料。记住，要勇于创新！

扭扭棒

海绵纸

美工刀

Cubelets 六件套装

绝缘胶带

金鱼眼

LEGO 销砖

LEGO 基础砖块

LEGO 底座

LEGO 轮子

littleBits 小装置
（Gizmos & Gadgets）套盒

littleBits 紫外 LED 灯模块

尖嘴钳

9 伏电池

技术指南

红线还是黑线

电池有正极和负极。电流从电池的正极出发，经过负载，回到负极。因此许多负载，如电动机，都有正极和负极接头。正极接头通常呈红色，负极接头则呈黑色，但也有例外。所以最好在接通电路之前检测一下，分清正极与负极。

太阳能电池

太阳能电池通过将太阳光转换成电能来为用电器供电。焊接好电线的轻薄的太阳能电池最适合本书中的项目。开始前，确保太阳能电池能够提供足够的能量。3 伏的电动机需要用至少 3 伏的太阳能电池才能流畅工作。同时也要留意电流的大小。电流越大，说明太阳能电池越强劲。

砂纸

带线太阳能电池

3 伏纽扣电池

带线直流振动
电动机

9

太阳能跳跳虫

搭建一个蹦蹦跳跳、毛茸茸的太阳
能供电虫虫吧!

你需要准备

2个不同大小的圆形物体（如碗或者塑料瓶盖）

纸、铅笔、剪刀、海绵纸、图钉、尺、带线太阳能电池、双面胶带

尖嘴钳、3枚回形针、热熔胶枪与胶棒、剥线钳、带线振动电动机

绝缘胶带、透明胶带、金鱼眼、扭扭棒、装饰零件

1. 找一个比太阳能电池大一些的圆形物体。将它放在一张纸上，沿着它的周边描线。这是虫虫身体的形状。

2. 找一个小一些的圆形物体，部分盖在先前的圆上并描边。这是虫虫头部的形状。沿着两个圆的外围轮廓剪下来，作为模板。

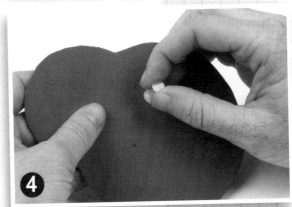

3. 将模板盖在海绵纸上，沿着模板轮廓剪下一块海绵纸。这是虫虫的身体与头部。

4. 用图钉在虫虫身体上戳两个洞，相距约2.5厘米。

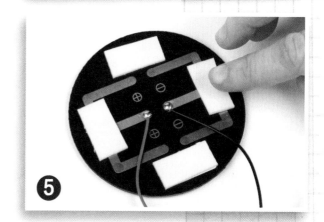

5. 在太阳能电池上贴上若干双面胶，注意不要盖住电线。

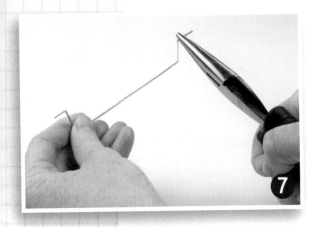

6. 将电池的引线穿过虫虫身上的孔洞。将太阳能电池按压在虫虫身体中间。确保双面胶牢牢粘在海绵纸上。

7 用尖嘴钳将3枚回形针掰直，制成虫虫的腿。将回形针两端掰弯，制成虫虫的脚。

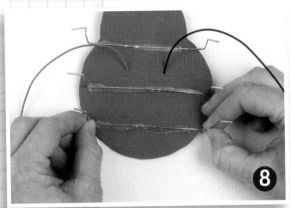

8 将虫虫翻过身来，使太阳能电池面朝下。均匀摆放虫虫的腿，并用热熔胶枪将它们固定住。

9 将电动机以及太阳能电池电线末端的绝缘皮剥去。

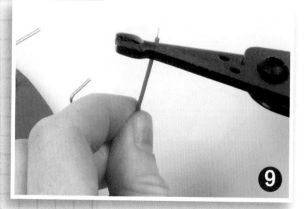

10 将电池的正极接线与电动机的正极接线拧到一起，将电池的负极接线与电动机的负极接线拧到一起。用绝缘胶带将拧到一起的部分包住。

11 用一小块双面胶将电动机粘在虫虫的底部。确保电动机的旋转部分能够自由运动。用胶带加固太阳能电池以及电线。

12. 装饰你的虫虫吧！加上金鱼眼以及扭扭棒做成的触须。发挥你的创造力吧！

13. 把虫虫放到太阳底下。当阳光照到太阳能电池上时发生了什么？虫虫在蹦蹦跳跳了吧！如果没有的话，再检查一下所有的接线处。

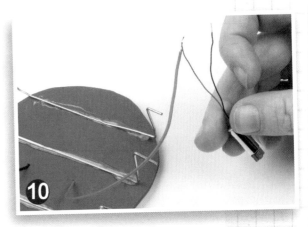

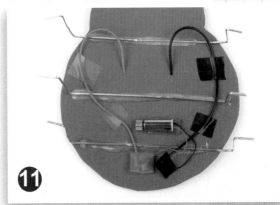

小贴士

如何剥线呢？
将剥线钳夹在靠近电线末端约 1.25 厘米的地方。轻轻地压紧钳子的手柄，同时向外拉动，使绝缘皮脱离电线。

牙刷冲浪乐

制作一个能让LEGO小人冲浪的
迷你冲浪板!

你需要准备

尖嘴钳

牙刷

剥线钳

振动电动机

剪刀

双面胶带

尺

宽冰棒棍

砂纸

报纸

颜料

笔刷

彩笔

热熔胶枪与胶棒

1X2的LEGO基础砖块

LEGO小人

1 用尖嘴钳将牙刷的头部剪下。

2. 将电动机两根引线末端的胶皮剥离，具体方法参见13页小贴士。

3. 剪下两片牙刷头大小的双面胶。

4. 将一片贴在牙刷头的背面。

5 将电动机以及正极引线粘在双面胶上。确保电动机旋转的部分悬在牙刷头末端外，并且能够自由旋转。

6 将纽扣电池的正极粘在电动机正极引线上，确保引线裸露部分与电池接触。

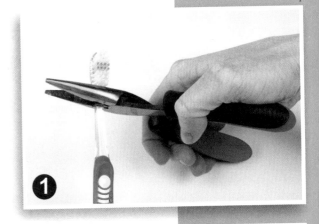

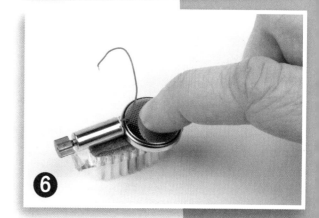

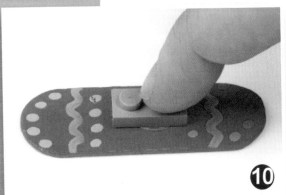

7. 测试电动机。将负极引线裸露部分碰触电池负极面。这时电动机应该旋转。如果没有，检查各处连接，或者尝试将电池翻面。

8. 剪下一片5厘米长的冰棒棍。用剪刀将两端修圆，再用砂纸将两端打磨光滑，用来制作冲浪板。

9 在你的工作台上垫一张报纸，在上面为冲浪板上色。等颜色干透，使用彩笔进行装饰。

10 将1X2的LEGO基础砖用热熔胶枪固定在冲浪板上，确保底座位于板的中心处。放置晾干。

11 将LEGO小人安装到底座上。

⑫ 将第3步中剪下的另一片双面胶粘在冲浪板的底部，确保粘在中间。

⑬ 将电动机的负极引线粘在冲浪板底部的双面胶上。再将冲浪板粘在电池之上。当按压冲浪板时，电动机引线与电池接触，电机开始旋转！

14. 如果你的冲浪手摔倒了，试着调整冲浪板在电池上的位置。同时不要忘记调整电动机以及电池的位置以保持平衡。一切就绪，现在可以开始观赏LEGO冲浪手的英姿了！

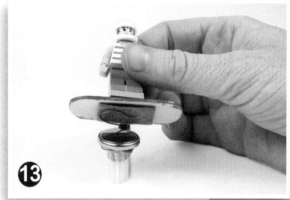

 小贴士　除了购买一个振动电动机，你也可以请求大人们帮忙，从旧手机上拆下一个振动电动机。

机械守卫

制作一个无畏的机器守卫来赶走侵略者吧！

你需要准备

Cubelets六件套装（距离模块、电池模块、驱动模块、被动模块、闪光模块、模块连接器）

LEGO积木（6x8底座、2个2x4销砖、4个小轮子、2个4x6基础砖块、8个1x4基础砖块）

剪刀、2升装饮料瓶

马克笔、美工刀

切割垫、海绵球

强力胶布

2个纸筒、尺、订书机

2个两脚钉、4个螺母

热熔胶枪与胶棒

金鱼眼、扭扭棒、彩色玻璃珠、垫圈以及其他装饰材料

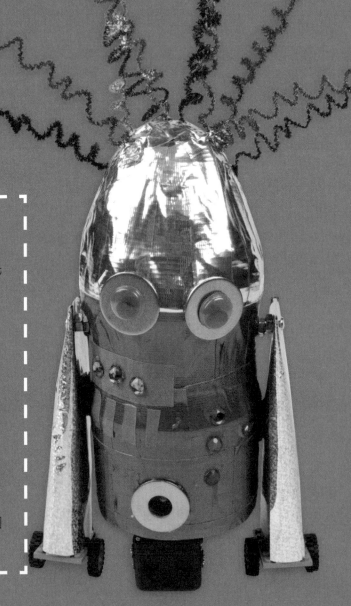

1 将距离模块与电池模块安装在驱动模块两侧，传感器背对驱动模块。

2. 打开开关。将你的手放在传感器前。此时，模块组应该向你的手靠近。如果模块远离了，则需要翻转驱动模块。

3 将被动模块放在驱动模块上方，在距离模块上方连接闪光模块。闪光模块背对被动模块。

4. 将6x8的LEGO底座固定到模块连接器上，将连接器固定在被动模块的顶部。

5 将饮料瓶上部三分之一长的部分剪下来，开口罩住上排模块，用来制作守卫的身体。

6. 调整LEGO底座协助卡住饮料瓶。如有需要可以调整底座或是添加其他的LEGO积木。

7 在瓶身上描出闪光区域的轮廓，请大人帮忙把这块区域用美工刀切割下来。

8 将海绵球小心地切成两半，用强力胶布将半个球固定在瓶子的底部。

9. 用胶布包裹住瓶子的底部，并且填满周围的空隙。直至瓶子的底部被包裹成光滑的圆顶。

10. 将守卫的身体用胶布包裹住，注意不要将第7步开的孔盖住了。

11. 在LEGO销砖的两端各安上一个轮子。将轮组固定到4x6的底座上。将4个1x6的基础砖以两列的方式固定到4x6的底座上。

12. 剪下两根15厘米长的纸筒。将纸筒一端压扁并用订书机订住。

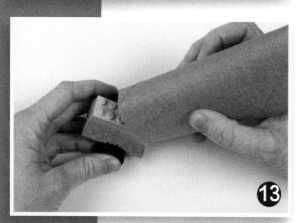

13 将纸筒开口的一端卡在积木轮组上。应该可以卡得紧紧的。

14. 用胶布包裹住纸筒，小心地用美工刀在扁平的一端开一条小缝，将两脚钉插入其中，作为守卫的一条手臂。

15 把整个结构放在平整的桌面上，用守卫的身体罩住电子模块。将一条手臂摆放在守卫的旁边，使得轮子刚好能停在桌面上，在瓶身上标注两脚钉的位置。对另一条手臂进行同样的操作。

16 将瓶子从模块上取下，用美工刀在标注的地方划开一条小缝。将两脚钉穿过两个螺母后穿入瓶子上的小缝。在瓶子内将两脚钉的两个脚对开弯折，这样就能将手臂固定住了。

17. 用热熔胶固定眼睛，用彩色玻璃珠以及其他材料来装饰你的守卫！

18. 将守卫的身体放回模块上，打开开关。看吧！你的机械守卫将赶走一切不受欢迎的来访者！

旋转笔筒

制作一个旋转的机器人笔筒!

1 将电源模块与滑动变阻模块相连，再将滑动变阻模块与电动机相连。

2 将各个模块沿着安装板的一侧安装。将轮子装在电动机的轴上。将电动机安装在安装板的上侧，确保轮子能在安装板的边缘外侧转动。

3 将电池与电源模块相连，并用双面胶将电池固定在安装板上。

4. 打开电源开关，测试电路是否通畅。调试滑动变阻器，让轮子以不同的速度旋转。关闭电源开关。

5. 将纸盒最大的一面剪下。在盒子剩下部分的长边中央剪下一个V形的缺口。将纸盒放在一边，有V形缺口的一面朝上。

6. 将安装板放入纸盒中，确保电动机的轴处在V形缺口中、轮子在纸盒外。修剪纸盒，安装板的最高部分需要碰到盒子的顶面。

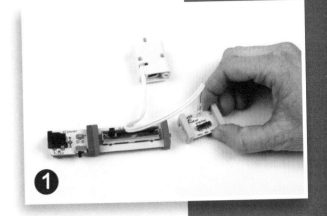

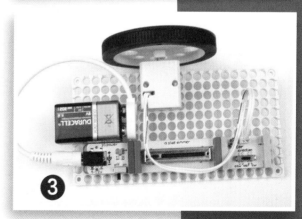

7. 测量出此时安装板底部与盒子底面的距离，从塑料杯上剪下比这个距离长2.5厘米的一段杯身。

8. 在剪下来的塑料杯身相对的两侧分别剪出两个槽。槽的深度为2.5厘米，宽度需要能够将安装板插入其中，以此作为安装板的支架。

9. 从盒中取出安装板，将其插入支架中，之后将其重新装入盒中。

10. 打开开关并滑动变阻器，确保轮子能够自由转动。

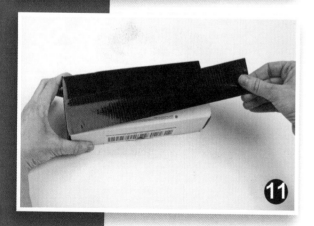

11. 将安装板从盒子中取出，用强力胶布将盒子包裹住。注意不要把V形缺口封住。

12. 将铁罐上的商标去除，并用胶布对其进行修饰。用热熔胶枪将小装饰物固定在罐头上。

13 把吸管折弯，并将吸管的短头插进到一根弹簧里。使用金鱼眼与海绵纸制作机器人的眼睛。用热胶枪将眼睛固定在吸管的短头上。

14 将吸管的长端粘在铁罐的内侧。

15. 从海绵纸上剪下6只"小手"。将6根扭扭棒卷在铅笔上做成6个线圈。在每根线圈顶端装一根弹簧。用热熔胶枪将6只"小手"固定在弹簧上。

16 使用打孔器在V形缺口的两边各开出一个小孔。将2组各3根扭扭棒的末端一起插入2个小孔中。在盒子内侧弯折插入的扭扭棒，使其固定住。

17. 将安装板放回纸盒中。在铁罐底部贴上一片双面胶，并将其固定在轮子上。

18. 往你的旋转笔筒中放入铅笔与钢笔吧。打开开关并滑动变阻器，欣赏笔筒的旋转吧！

床底下的小怪兽

制作一个天黑就会出动的小怪兽吧!

1 按顺序将电源模块、感光模块、两个电动机模块以及紫外LED灯模块连接起来。

2 将所有模块固定到安装板上。

3 在每一个电动机上安装一个轮子，并将电动机固定在安装板上，位于感光模块的两侧。车轮应当能自由转动。

4. 将感光模块设置为暗敏感状态。将一个轮子设置为"CCW"（逆时针旋转），另一个设置为"CW"（顺时针旋转）。

5. 将电池与电源模块相连。打开电源开关，测试设置状态。如果安装正确，当你盖住感光模块时，小灯会亮起并且车轮开始旋转。

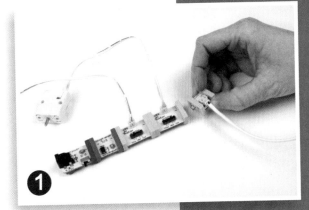

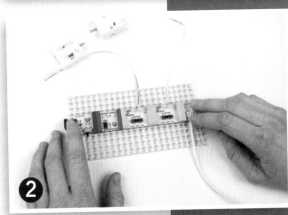

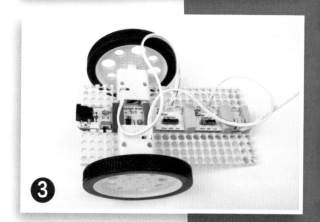

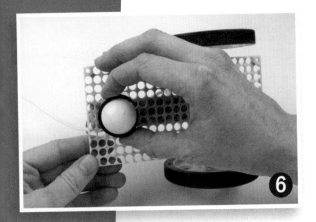

6 用点胶将万向轮固定在安装板的底部。确保其位于紫外LED灯模块下方。

7. 用双面胶将电池固定在安装板上。

8. 剪下一块8厘米宽、25厘米长的海绵纸。

9 剪下两条8厘米长的双面胶，粘在位于车轮前方的安装板两侧，同时将第8步中剪下的8厘米长的海绵纸的两端贴在有双面胶的两侧，作为小怪兽的身体。

10. 在卡纸上画出小怪兽的脸，大约7.5厘米宽，长度要能够覆盖海绵纸弯出的拱形区域。然后剪下这个形状。

11 在海绵纸上描出这个形状，剪下来备用。

12. 使用图钉在小怪兽的脸上靠近顶部的地方开两个孔。

13. 使用海绵纸、金鱼眼以及其他材料装饰你的小怪兽的脸。

14 在海绵纸上剪出手臂，小心地在小怪兽身体上用美工刀划出插槽，将手臂插入其中。

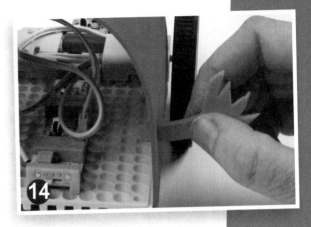

15. 剪下一条7.5厘米长的窄双面胶，贴在安装板的前方。剪下若干条双面胶，贴在海绵纸身体的前方边缘上。

16 将LED小灯从小怪兽脸上的孔中穿出，并将脸贴在身体以及安装板前方的双面胶上。

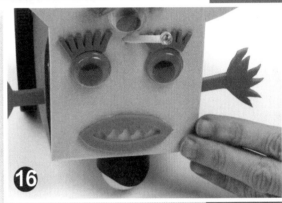

17 使用毛线球以及其他材料装饰小怪兽的身体。

18. 打开小怪兽的开关，并关闭室内的灯光。看到小怪兽在地上横冲直撞了吧！试着把它放在床底下，等待它出动吧！

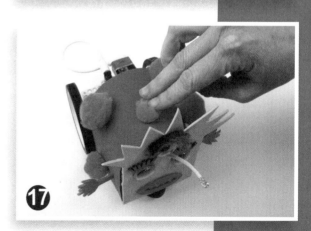

创客空间的维护

　　要成为一名创客，不仅仅是完成作品而已，还需要在创作的同时与他人交流与合作。最棒的创客能够在创作的过程中不断学习，不断想出下次改进的方法。

收拾干净

　　当你的项目大功告成之后，别忘了整理属于你的工作区。将工具以及用剩下的材料整齐有序地放回原位，方便其他人找到它们。

存放妥当

　　有时候你来不及在一次创客活动期间完成整个项目。没关系，你只需要找到一个安全的地方存放你的作品，直到你有空再来完成它。

做一辈子创客

　　创客项目的可能性是无限的，从你的创客空间的材料中获得灵感，邀请新的创客到你的工作区，看看其他创客在创造什么。

　　永远不要停止创造哦！

图书在版编目（CIP）数据

来做机器人吧：自己动手制作机器人/（美）埃尔茜·奥尔森著；解超译.—上海：上海科技教育出版社，2020.6

（我的酷炫创客空间）

书名原文：Robotify It! Robots You Can Make Yourself

ISBN 978-7-5428-7228-9

Ⅰ.①来…　Ⅱ.①埃…　②解…　Ⅲ.①机器人—制作—青少年读物　Ⅳ.①TP242-49

中国版本图书馆 CIP 数据核字（2020）第 048163 号

责任编辑　程　着　侯慧菊
封面设计　符　劼

“我的酷炫创客空间”丛书

来做机器人吧！

——自己动手制作机器人

［美］埃尔茜·奥尔森（Elsie Olson）　著

解　超　译

出版发行　上海科技教育出版社有限公司
　　　　　　（上海市柳州路218号　邮政编码200235）

网　址	www.sste.com　www.ewen.co	
经　销	各地新华书店	
印　刷	常熟文化印刷有限公司	
开　本	787×1092　1/16	
印　张	2	
版　次	2020年6月第1版	
印　次	2020年6月第1次印刷	
书　号	ISBN 978-7-5428-7228-9/G·4223	
图　字	09-2019-776号	
定　价	108.00元（共六册）	